爱上多肉仙人掌

200 种超萌懒人植物

［日］松山美纱 著　　高青 译

中国民族摄影艺术出版社

图书在版编目（ＣＩＰ）数据

爱上多肉仙人掌：200种超萌懒人植物 /（日）松山美纱著; 高青译. -- 北京：中国民族摄影艺术出版社，2014.10
　　ISBN 978-7-5122-0621-2

　　Ⅰ.①爱… Ⅱ.①松… ②高… Ⅲ.①多浆植物—观赏园艺 Ⅳ.①S682.33

中国版本图书馆CIP数据核字(2014)第229035号

TITLE：［Sol x Solの多肉植物・サボテンを育てよう］
BY：［ブティック社］
Copyright © BOUTIQUE-SHA, INC. 2013
Original Japanese language edition published by BOUTIQUE-SHA
All rights reserved. No part of this book may be reproduced in any form without the written permission of the publisher. Chinese translation rights arranged with BOUTIQUE-SHA., Tokyo through NIPPON SHUPPAN HANBAI INC.

本书由日本靓丽出版社授权北京书中缘图书有限公司出品并由中国民族摄影艺术出版社在中国范围内独家出版本书中文简体字版本。
著作权合同登记号：01-2014-6301

策划制作：北京书锦缘咨询有限公司（www.booklink.com.cn）
总 策 划：陈 庆
策　　划：米海鹏
版式设计：柯秀翠

书　　名：爱上多肉仙人掌：200种超萌懒人植物
作　　者：［日］松山美纱
译　　者：高　青
责　　编：张　宇 欧珠明
出　　版：中国民族摄影艺术出版社
地　　址：北京东城区和平里北街14号（100013）
发　　行：010-64211754 84250639 64906396
网　　址：http://www.chinamzsy.com
印　　刷：北京瑞禾彩色印刷有限公司
开　　本：1/16　210mm×260mm
印　　张：6
字　　数：60千
版　　次：2015年1月第1版第1次印刷
ISBN 978-7-5122-0621-2
定　　价：36.00元

前言

希望可以通过本书让您更加深入地了解到多肉植物的可爱，并从中获取更多的快乐。

无论植株大与小，这些超清照片都可以将其所有细节展现得淋漓尽致。

喜欢多肉植物的朋友们从观察多肉植物的角度来阅读此书将是我们的荣幸。

多肉植物有着惊人的繁衍能力，这会给您带来观赏的情趣和栽培的乐趣。

在栽培和观赏过程中，您会得到意外的收获和惊喜，而这些将让您乐此不疲。

多肉植物带来的正能量无与伦比！

sol×sol　松山美纱

CONTENTS

目 录

松山美纱

多肉植物专业品牌"sol×sol"的创作总监。1978年生,日本埼玉人。开始从事插花工作,领略到多肉植物的魅力之后,进军多肉植物领域。师从"仙人球咨询室"创始人羽兼直行,之后一直从事这项事业的研究。

多肉植物专业品牌sol×sol

用多肉植物来给人们带来微笑的创作理念,用杂货铺的感觉来培育多肉植物,并体会其中的乐趣。本书编著者松山美纱所培育的可爱多肉植物有很多种,也有实用的栽培品种,更有各种盆栽。

轻松栽培
多肉植物的
基础知识

与栽培其他种类的植物相比，栽培多肉植物非常简单。
虽然多肉植物耐寒性和耐高温性比较强，但是它们毕竟
也是生物，所以还是必须做一些最低限度的照顾。如果
没有事先熟悉多肉植物的习性疏于照顾，它们也会枯
萎，所以一定要提前阅读这些基础知识，并且掌握多肉
植物的特征，这样才能养出可爱的多肉萌物。

栽培多肉植物必备的工具和材料

栽培多肉植物非常简单。必须的工具只有下面几种。它们比较适合栽培在通气性和保湿性比较好的土壤里。

① 肥料	在移植的时候作为底肥，加入少量。	⑧ 报纸	在室内移栽植物的时候，在地面上铺一张报纸，这样操作起来会方便很多，泥土不会撒在地面上。报纸也可以代替盆底的纱网铺在盆底挡土。
② 水苔	在小花盆里栽培植物的时候，作为花土使用。不能用在大花盆里。	⑨ 多肉植物专用土	多肉植物专用混合土。在小粒赤玉土中掺一些沙土以及泥炭土。
③ 赤玉土（中粒）	用大花盆栽培的时候，有利于排水和透气，作为盆底土使用。	⑩ 喷壶	水壶或者是单嘴容器均可。可以用来体验给花洒水的乐趣。
④ 轻石	也称为浮石，是天然土壤改良材料。作为盆底土或者装饰土使用。	⑪ 剪刀	用来修剪枝叶、根等。较锋利的剪刀在修剪时不会破坏植株细胞。
⑤ 小勺	往小花盆里面放土的时候使用，简单易操作。用于比较精细的操作。	⑫ 刷子	可以用来打扫移栽场地，也可以用来清扫花盆和枝叶上的脏东西。一般小型刷子用起来更方便。
⑥ 小镊子	这个是必需品！在移栽仙人球或者摘去枯枝败叶的时候会用到。	⑬ 抹布	在移栽仙人球的时候，把抹布裹在仙人球的外面可以防止伤到手，这样可以不用戴手套。
⑦ 桶铲	培土专用工具。有多种尺寸可以选择，建议选择适合给盆栽培土的尺寸。		

多肉植物的浇水方法

多肉植物一般生长在非常干旱的地区，耐旱性非常强，浇水不勤快也不会枯萎，浇水过多反而会对植株造成伤害。浇水的诀窍就是要把握好度。根据季节以及品种的不同，有时候可以一个月不浇水。需要大量浇水的时候，最多每隔十天浇一次水。大约按照这个标准浇水即可。

根据季节的不同浇水

多肉植物开始在体内储存水分并快速生长的季节同原产地的雨季时间相吻合。与光照相同，浇水方法也分为夏季型和冬季型两种。关于成长季节可以参考植物生长期表。

夏季型

春季至秋季生长的品种。4月份，天气开始变暖之后，浇足量的水。在梅雨季节，只在阳光充足的时候让花盆保持湿润即可。盛夏正午的时候，如果浇水，水温会变热，所以最好在傍晚或者夜晚的时候浇水。冬季植物生长较缓慢，进入休眠期之后，每月浇一次水即可。大部分多肉植物是夏季型。

冬季型

非常不耐热是冬季型多肉植物的特点。从梅雨季节开始，浇水量要逐渐减少，然后将花盆转移到半阴半阳通风较好的地方。夏季进入休眠期，每月浇一次水，浇水一定要选择凉爽的傍晚或者夜间。10月份过后，开始慢慢地增加浇水量。但是，在冬季最冷的时候，此类多肉植物的生长非常缓慢，因此要控制好浇水量。

休眠型

夏季型的多肉植物在冬季（12月～次年2月）进入休眠期。在这一期间，可以挑持续比较暖和的几天在每天早上浇水，水量是平时的1/3即可。冬季型多肉植物在夏季（4月～8月）进入休眠期。在这一期间，可以挑持续凉爽的几天，在夜间浇水，水量是平时的1/3即可。

盆底不带洞花盆的浇水方法

使用盆底不带洞的花盆（烧杯或者杯子等）种植多肉植物，在浇水时一定要多用心一些。要浇足量的水，花盆里的土全部湿透之后，倾斜花盆，把多余的水分全部倒出来。这样可以有效避免烂根。如果多余的水分积存在花盆里，很容易引起烂根和枯叶问题。

多肉植物的放置地点

野生多肉植物非常耐强光，适合在干燥的地方生长。如果在家里栽培，也可以参考野生的环境，放在干燥有强光的地方，这样它们会迅速成长。光线充足，通风良好的地方比较理想。不适合放在光线不好、潮湿的地方。放置的地方每天至少要有4小时以上的光照时间。

放置在室外的情况

下雨的时候不要让植物直接碰到雨水，最好放在花棚最里面。此外，也可以放在有光的阳台上或台子上等可以避雨的地方。如果遇到吹进雨水的时候，要及时把花盆移到室内。如果放在花棚的最里面，光照会不好，所以要根据太阳的转动及时移动花盆的位置。如果放在混凝土或者沥青地面上的话，地面会反射光线，花盆温度会升高，可能会将植株烤坏，可以在地面上铺上帘子，这样会好一些。

放置在室内的情况

在室内放置的话，室内光线比室外光线要差一些，可以选择放在窗户旁边等光线比较充足的地方。多肉植物比较怕潮湿，因此要经常开窗通风。此外，对于人眼来说已经足够明亮的光线，对于多肉植物来说可能是光线不足。如果感觉植株不是很有活力，可以偶尔搬到室外晒晒太阳。只要注意光照和通风，放在室内栽培也很简单。根据品种的不同，也有耐潮湿型的多肉植物，可以将此类植株放在厨房等地方作为装饰用品。

按季节进行的护理

多肉植物体内大部分都是水分。因为体内存有水分，所以只要浇少量的水就可以生长。多肉植物的另一特点是非常喜光。下面按照季节介绍一下每个季节的浇水方法以及放置地点等。

春季

大部分品种都会在春季活跃起来，开始生长。春季气温开始回升，植物的根也开始活动起来，花盆里面的土壤很快就会干燥。于是，当土壤表面干燥之后，要浇足量的水。此外，当春季来了之后，冬季放置在室内的植株要放到室外，接受阳光的照射，让风吹一下。光照很强的时候，不要突然把花盆搬到室外，否则可能会晒伤。要选择在阴天的时候将植株搬到室外，并盖上报纸，让植株有一个适应光线的过程。在天气寒冷的时候，晚上要将植物搬到室内。

夏季

夏季对多肉植物来讲是一个非常难熬的季节。夏季，湿度比较大，空气中水分含量比较高，这些水分就足以支持植株生长，所以在这期间要控制浇水量。如果三个月不浇水的话，植株比较小的品种就会缺水枯萎，所以根据叶片的状态可以在凉爽的夜晚适当浇水。如果放在室外，要尽量避开太阳的直射，放在树荫下面。放置在室内的话，一定要注意保持良好的通风。尽量不要放在密闭的室内，可以放在有空调或者电风扇的室内，但是不要让风直吹在植株上。

秋季

秋季是在夏季受伤的多肉植物恢复的时机。天气逐渐转凉，植株开始出现红色叶片，这时可以开始浇水。逐渐变瘦的植株慢慢吸收水分，恢复到之前的状态，并开始生长。夏季的时候，为了避免强光照射植株要放在树荫里的，而现在可以放在有光线的地方。将多肉植物放在光线较弱的地方将不会出现红色叶片，而放在光线好的地方，让植株充分沐浴阳光之后，可以出现非常漂亮的红色叶片，会让人收获到意外的惊喜。

冬季

多肉植物大多给人不耐寒的感觉，其实不然，它们是可以安然无恙地过冬的。因为冬季气温会逐渐下降，所以，为了避免冻伤一定要减少浇水次数。减少浇水次数之后，植物体内的水分会较少不容易被冻。和夏季的浇水一样，特别是不耐寒的品种，在冬季一定不要浇水。不耐寒的品种在叶片落了之后，就完全进入冬眠状态。这样的品种放在室内的话，在春季来临之前一定不要浇水。白天可以放在窗边晒一晒太阳。晚上的时候，窗边会很冷，不要放在靠近窗户的地方。

多肉植物的繁殖方法和管理

繁殖起来非常简单，这是多肉植物的一大魅力。在此介绍三种正统的繁殖方法："叶插法"、"芽插法"、"分株法"。此外，在切芽以及移栽之后进行适当管理，让植株保持良好的形态。在春季或者秋季植株的生长期适合进行此类方法的繁殖。

叶插法

从叶片的根部轻轻取下一片叶片，直接放在土壤上面即可，这是最简单的繁殖方法。所谓的叶插法，其实不需要插进土里，只要放在土壤上面即可。在取叶片的时候，如果从叶片根部直接拧下来而没有生芽点的话，可能会长不出新芽。和其他繁殖方法相比，叶插法可能花费的时间要长一些。在移栽或者浇水时掉下来的叶片可以直接放在土里繁殖，所以这是非常简单的繁殖方法。大多数多肉植物都适用于此繁殖方法，但是银波锦属、千里光属、石莲花属等大型品种不适合此方法。

需要准备的物品
·多肉植物（或者取下来的叶片） ·干土 ·扁平容器

1
准备好多肉植物的叶片。如果全部是已经取下来的叶片的话，直接拿来用即可。如果是从茁壮的植株上取叶片，不要从刚浇过水的植株上取，让植株稍微干燥一下，这样取叶片的时候会更容易操作。

重点

新芽会从叶片的根部长出来，所以叶片的根部要处理干净，不然不容易长新芽。在取叶片的时候要沿着左右方向用力取下。

2
把干土放在扁平容器中，把土摊平备用。

3
把叶片一片一片摆在容器中，叶片朝上摆放，如图所示。不要把叶片插进土里，只需要放在土壤上面即可。

4
全部摆好之后，等待长根或者新芽的发出即可。这期间要控制浇水量。在叶尖浇水的话，很容易出现腐烂现象。此外，如果光线太强的话，土壤易干燥，应该放在室内培养。

5
过些天之后，从叶片上长出根来之后开始浇水。这时发，根在土壤外面的话，可以用小镊子把土往根上面堆一堆，让根埋进土壤里，这样效果会好一些。

6
再过一段时间，即可长出新芽。当新芽把叶片上的营养全部吸收之后，叶片就会慢慢枯萎。在叶片完全干枯之前，不要把新芽从叶片上取下来。

叶插法的生长过程

第14天
有少量根长出。

第29天
长出根，新芽也在成长中。

第72天
新芽大小不一，但是一直在成长中。

第120天
新芽继续成长之后叶片会枯萎，然后将新的植株移栽到喜欢的花盆里面。

芽插法

把芽剪下来插进土壤里进行繁殖的方法。这是一般植物适用的繁殖方法，多肉植物用这种方法繁殖起来也非常方便。需要用土来繁殖，所以在扦插之前的 4~5 天先把土放在阴凉处让其干燥，然后再扦插，这样效果会更好。景天科、莲花掌属等种类

大约 10 天，景天科青锁龙属需要 15~20 天，千里光属、银波锦属、石莲花属等种类 20~30 天可以生根。去除疯长的枝条之后，长出来的枝桠可以运用这种方法进行繁殖。

1 拿着植株的顶部，在离顶部稍微向下一点的地方将顶部剪掉。

2 剪掉顶部之后，就剩下茎部，看上去非常地孤单，就这么放置不管即可。

几天之后，在母本上面会长出新芽。

3 将下面的叶片取下 2~3 片，如果不取下这些叶片的话，直接插进土里，叶片会腐烂，这样整个芽就会腐烂掉。

4

剪下来的枝桠切口处要保持干燥，不要浇水。如果把枝桠直接横放在一边晾干的话，植株就会弯曲，这样移栽的时候不容易操作，所以要放在左图所示的容器中，这样晾干切口比较好。放在通风的阴凉处即可。

横放晾干切口之后的植株变得弯曲。

5 几天后，就会长出新根。

6 剪下来的枝叶长出新根来之后，就可以移栽到自己喜欢的花盆里面了。

分株法

将长得比较大的植株从花盆里挖出来，然后按照根分开，得到新植株的方法。分株法进行繁殖的时间最好是在换盆或者是丛生太茂盛的时候。这一方法适用于百合科以及十二卷属的品种等可以从根部直接长出新的小植株的多肉植物。当给植株换盆

的时候，把新幼株分离出来，如果植株太小的话，可能会枯萎，不能独立成活。和芽插法不同，因为植株上面有根系，所以在分株之后不能太过干燥，移栽之后，5~10 天内不浇水，之后便可以浇水了。

1 准备想要分株的植株。轻轻敲打花盆，然后用小镊子尖从下往上把植株取出来。

2 取出植株时，根部的状态。

3 把根部带的旧土取下来。和根缠在一起的土壤要稍微整理一下，取下来。

4 把根整理一下。

5

植株上面有三个幼株。这次仅仅分离出一颗幼株（这一植株理论上可以分成四棵，但是由于幼株太小不容易成活，所以选择比较大一点的幼株进行分株）。

6 尽量不要伤到植株的根部，迅速分离。幼株上面带有根系的话，不要把根扯下来。

7 当把植株分离之后，如果分离的切口较大的话，要晾一天，把切口晾干之后再移栽。

8 分别移栽在不同的花盆里面。移栽的方法参考第 8 页的内容。

重插

植株移栽后会迅速生长，这样植株的形状就会走样，变得非常凌乱。这时，应对这一现象的方法就是"重插法"。参考第7页的"芽插法"，不需要准备土，只需要一把小镊子就可以处理好。多肉植物会在较干燥的时候生根，所以最好在一周前不要浇水，然后进行重插效果会好一些。

盆栽逐渐成长，疯长之后的状态。

留下最下面的三片叶片，然后把上面的剪下来。

如果剪下来的部分过长的话，可以再剪短一些。

将下面的叶片摘去，这样方便插到土里。

一定要将叶片摘除几片，不然直接插进土里的话，叶片在土里会腐烂，这样植株也会腐烂。

其他的多肉植物也按照相同的方法进行处理即可。

用小镊子夹着茎插到土里。

调整好植株的形状，按照自己的喜好把土埋在枝茎上，整理出形状。

大功告成！在插进土里之后的10天之内不要浇水。当用手碰触植株，感觉植株非常坚固的话，说明已经生根了。之后可以按照常规办法进行管理。

移栽

盆栽在一个花盆里栽了几年之后，可能会长出幼株，这样仍在原来的花盆里的话，看上去会显得比较挤。此外，整个植株的根全部盘曲在一个小花盆里容易生病，所以需要给植株换一个比较大的花盆。移栽换盆应该避开盛夏和寒冬，适合在春秋季节进行。

需要准备的材料
·报纸
·小镊子
·移植铲
·土　　·赤玉土
·花盆　·肥料

准备一个比现在用的花盆稍大一点的花盆。

把需要移栽的植株实际放在里面看一下是否合适，并想好栽进来的位置。

把赤玉土填到花盆中的1/3处。

然后填入土，把赤玉土覆盖起来，然后加进去一小撮底肥。

把植株放进花盆里，观察一下高度。如果太低则可以再放一点土进去调整一下高度。

当高度确定之后，把植株放进去，然后一只手拿着植株另一只手用移植铲往四周填土。

填完土之后，轻轻按压植株，并轻轻敲打花盆，把土之间的缝隙填起来。然后再适当加土，把土的形状挑一挑。

按照自己的喜好把装饰石头放在花盆里。

浇水。大功告成！

病虫害

虽说多肉植物非常易于栽培，但是有时也会遇到病虫害。如果多肉植物遭遇疾病或者出现害虫，再健壮的植株也会枯萎腐烂。在这里为您介绍几种病虫害的防治方法。

※本文列出的药剂仅作参考使用。

病虫害	症状及原因	防治方法
丝状菌	丝状的霉菌附着在植株上面，如果放置不管，植株会枯萎死亡。放在潮湿、不通风的地方容易出现此症状。	去除带有病菌的部分，用水洗干净之后，将切口晾干。并喷施代森锌、波尔多液等药剂。
黑腐病	枝茎、根部等地方变黑，并变软之后慢慢扩散开来。放在潮湿、不通风的地方容易出现此症状。	将变色的部分去除，并将切口晾干。并喷施代森锌、波尔多液等药剂。
黑斑病	叶片、枝茎等地方出现黑色斑点并扩散，最后看上去像霉菌的样子。多数是因为植株不太健壮并放在通风不好的地方引起的。	将症状比较明显的地方去除，以免传染给其他植株。并喷施代森锌、波尔多液等药剂。
烂根·赤腐病	叶片、根部变成黑褐色，病变部位逐渐变软，并扩散。可能是因为放在通风不良的地方或者是多年没有换盆的原因。	将变色的部分去除，并将切口晾干。并喷施代森锌、波尔多液等药剂。
红蜘蛛	身长 0.5mm 的红色小虫。附着在植株茎上面吸取汁液，妨碍植株生长并传播病原菌。被吸过的地方会变成黑褐色。	找到后杀死。然后撒上叶螨专用去除剂。
蚜虫	身长 1~2mm 左右的绿色或者黑色小虫。群居在幼叶或者幼芽上面吸取植株内汁液，妨碍植株生长，并传播病原菌。	找到后直接杀死，然后在植株旁边放上亮的铝箔纸，并喷施专用杀虫剂。
介壳虫	身长 1.5mm 的小虫。附着在植株上吸取汁液，妨碍植株生长，并传播病原菌。	找到后直接杀死，然后喷施马拉松释液等杀虫剂。
粉蚧	幼虫身长 2mm 左右，成虫会作茧。吸取植株汁液，妨碍植株生长，并传播病原菌。	找到后直接杀死，然后喷施马拉松释液等杀虫剂。
蛞蝓	专吃植株，并传播病原菌。	找到后直接杀死。喷施蛞蝓专用杀虫剂。
线虫	身长不到 1mm 的小虫。从植株根部进入植株体内，吸收养分。地上的植株看上去并没有问题，但是植株生长状况不佳。有根瘤出现。	将出现根瘤的根全部去除。金盏菊可以驱除蠕虫类。可喷施专用药剂。
粉虱	身长 1mm 左右的小虫，身上布满白色粉末状。附着在植株上吸取汁液，妨碍植株生长，并传播病原菌。	在进行分株的时候，用水把根部洗一下。并施一些马拉松释液。
叶螨	身长 0.5mm 左右的小虫。能吐丝有各种不同的类型。附着在植株上吸取汁液，妨碍植株生长，并传播病原菌。	找到后直接杀死。定期在叶面喷水。可以用专业驱除叶螨的药剂。
潮虫（西瓜虫）	白天潜伏在土壤里，晚上活动，专门吃叶片以及花芽。	找到后直接杀死。喷施噻嗪酮等药剂。

多肉植物的红叶现象

多肉植物的红叶也可以称为是秋季的风物诗。很多多肉植物都有红叶现象。从春季到夏季整个多肉植物都是清一色的绿色，随着冬季的临近，气温急剧下降，它们和其他类植物一样都会因为有温差而出现叶片变色的现象。红色和淡淡的粉红色让绿色的层次更加明显，这时的多肉植物比平时更平添了几分姿色。这样漂亮的颜色搭配让您忘却了它本是一株植物。多肉植物的红叶现象大约会从11月一直持续到第二年的3月。将您手中的多肉植物放在阳光下，让它沐浴更多的阳光，这会让您体味到红色叶片所别有的韵味。

变成红色叶片所必备的条件

让多肉植物出现红色叶片的诀窍是让其沐浴充足的阳光。所有的多肉植物都喜光，所以要尽量延长多肉植物的光照时间。相反的，如果将其放在光照不充足的室内的话，会变回原来的绿色。浇水的秘诀在于"当叶片上面出现褶皱的时候，把土壤完全浇透"。如果花盆底面没有洞的话，浇过量的水容易引起烂根现象，这时应该把花盆倾斜，然后把多余的水倒出来。夏季要在早晚等凉爽的时间段浇水，冬季要在太阳出来之后比较暖和的时间段浇水。此外，如果不接受到寒冷的刺激，颜色也不会太漂亮，因此冬季在室内放置的时候要放在窗边或者比较冷的地方。

黛比　　　　　　　大和锦　　　　　　女雏　　　　　　　七福神

桃美人　　　　　　花月夜　　　　　　玉珠莲　　　　　　吉娃莲

秋兰霜　　　　　　花筏　　　　　　　艳日辉　　　　　　静夜

多肉植物

并不是所有的多肉植物都有饱满而且可爱的叶片。这也是多肉植物？像这样让您感到惊讶的品种还有很多。形状不同，栽培的方法也不尽相同。相同科属的品种栽培方法大致相同。根据不同的科属分类学习一下多肉植物的特征以及栽培方法吧！

各种多肉植物在一年之中的生长状态都用下面的符号表示。花盆上面的数字表示月份，可以在栽培过程中作为参考。

休眠期　　　成长期　　　开花期　　　观赏期

神想曲　叶片细长，黄绿色。茎上有褐色的毛覆盖。

非常迷你、古朴，但是对光线非常敏感。

景天科天锦章属

原产国：南非
繁殖方法：叶插法、芽插法

🌼		🍷	🍷	🍷	🍷	🍷	🍷	🍷	🍷	🌼	🌼
1	2	3	4	5	6	7	8	9	10	11	12

※凉爽的季节是其生长期。

比较容易掉叶片，叶片掉落的地方很容易长出新芽，所以用叶插法来繁殖非常地简单。有叶片形状怪异的品种，也有茎上长毛的品种，富有多变性。植株非常迷你，生长非常缓慢，建议用做小型珍藏品。

栽培重点

不耐高温，所以夏季要放在通风良好的阴凉处。只要控制好浇水量，顺利度过夏季还是很容易的。非常耐寒，所以冬季栽培起来很容易。进入休眠期之后，会进入完全冬眠，不再生长，所以在成长期的时候要浇足量的水，使其成长为较大的植株。

扁叶红天章
叶片上面有斑点花纹，并且常年呈现红色。光照越好颜色越明显。

永乐
其主要特征是枝茎比较混乱，叶片边缘呈波浪形。

白桃
叶片呈现透明状的绿色。会经常开花，花朵非常漂亮。夏季的时候比较脆弱一些。

松虫
新芽一般呈现红色，叶片比较厚实而且密集。

叶片像花一样。叶片呈现轮状，存在感非常强。

景天科莲花掌属

原产国：北非

繁殖方法：芽插法

| 1 | 2 | 3 | 4 | 5 | 6 | 7 | 8 | 9 | 10 | 11 | 12 |

※凉爽的季节是其生长期。

※大约在3月开花，开花的枝茎会在花谢之后枯萎。

其主要特点是叶片从下至上依次枯萎，只有较靠上面的叶片。叶片的颜色和花纹有多种多样，叶片凋落之后茎上形成的花纹也非常有趣。有大型植株，也有小型植株，品种繁多也是其特点之一。开花的枝茎会在花谢之后枯萎。可以用芽插法进行繁殖。

栽培重点

不耐寒，不耐高温，所以在休眠期的时候叶片会凋落，看上去比较孤苦一些。盛夏的时候，在通风较好的阴凉处不需要浇水，植株会进入休眠期。春季和秋季是生长期，在此期间，您会感觉它在迅速成长。成长期的植株对阳光需求量很大，为了避免光照不足，可以放在室外。

魔法师
叶片呈现黑色，非常有存在感。成长期叶片会长得很大。光线不好的时候叶片会变成绿色。

本日小松
属于小型植株，但是长大之后会木质化，整个植株呈现出一株小树的感觉。叶片上有黏性，夏季进入休眠期。

夕照
叶片呈现绿色，在春季至秋季之间会有漂亮的粉色或者黄色出现在叶片上。植株可以自然地分叉长出非常漂亮的树形。

灿烂
叶片边缘的花纹非常漂亮。与其他品种相比生长较缓慢，慢慢变大。基本不会出现分叉。

从左上角开始按顺时针方向依次是
吹上 / 吉祥天锦 / 雷神

叶片尖端一般带刺，叶片成辐射状展开，造型非常漂亮。

龙舌兰科龙舌兰属

原产国：美国、墨西哥

繁殖方法：分株法

| 1 | 2 | 3 | 4 | 5 | 6 | 7 | 8 | 9 | 10 | 11 | 12 |

※炎热的季节是其生长期。

※大约会在仲夏进入开花期，花茎形成大约需要1年的时间。

植株年龄在20~100年时才会开花，属于寿命比较长的品种，只开一次花。开花之后，母体会枯萎，只剩下周边的幼株。此科属的龙舌兰作为特奎拉酒的原料非常有名。叶片的边缘有刺，所以在栽培的过程中要时刻注意。

栽培重点

属于非常强健的品种，所以夏季可以放在室外，只需要在冬季的时候搬到室内即可。可以保水的容器比较大，因此与其他品种相比，浇水少一些也没关系。叶片会从下向上依次枯萎，所以在摘去下面的叶片时，可以顺着叶尖把刀片放在叶片中间，然后用力往外撕，就会很轻松地把叶片取下来。

樱吹雪

淡色调是其非常有人气的秘诀!

马齿苋科回欢草属

原产国：南非

繁殖方法：叶插法、芽插法

| 1 | 2 | 3 | 4 | 5 | 6 | 7 | 8 | 9 | 10 | 11 | 12 |

※开花期不定。

开花之后会自花授粉，结成果实之后，种子会自然发芽繁殖。也可以用叶插法或者芽插法进行繁殖。精心培养小的幼芽是一种乐趣。有很多品种开的花都非常漂亮。开出的花和其本身的植株大小完全不成比例，非常大。特点是枝茎上面有白色的毛。

栽培重点

非常耐寒，非常强健，所以一年之中如能移栽两次会长得更好。如果想要其快速成长的话，可以频繁地移栽。带有斑点的品种比较柔弱，要慢慢栽培。可以给予充分的光照，当叶片出现褶皱时可以浇水，按照这样的节奏来培育即可。

种类非常之多，培育非常之简单，可以让您充分享受栽培的乐趣！

百合科芦荟属

原产国：南非

繁殖方法：芽插法、分株法

❀ ❀ ✿ ✿ ✿
| 1 | 2 | 3 | 4 | 5 | 6 | 7 | 8 | 9 | 10 | 11 | 12 |

※凉爽的季节是其生长期。

※根据品种不同开花时期不同，约在1月~5月之间。

品种非常多，小到手掌大小，大到一人多高。有的品种，下面的叶片枯萎之后上面叶片迅速生长，也有新芽一起发出呈簇状群生的品种。如果叶片受伤的话，会流出汁液并变黑，注意腐烂现象。

栽培重点

大部分是比较健壮的品种，栽培起来比较简单。只要不浇水过量，一般不会失败。如果浇水不足的话，叶片边缘可能会枯萎，导致植株形状不好。用芽插法可以简单繁殖，为了繁殖强制性摘心※时，最好避开夏季。

※把芽尖端的生长点摘去，让其旁边生出新芽的操作。

翡翠殿
在寒冷的天气里，叶片会由黄变红，不耐寒。

双列叶芦荟
最常见的一种芦荟。植株小的时候是如图所示的样子。比较耐热，非常好养。

积雪
非常漂亮的粉红色叶片。从植株上会生出新的小植株，属于群生繁殖。

珍珠芦荟
绫锦芦荟和鲨鱼掌属的杂交种。叶片上的刺非常细小，形状非常袖珍，呈辐射状，非常漂亮。体型较小。

龙山芦荟
非常漂亮的绿色。到红叶季节时，叶片是淡淡的粉红色。不会长得很高，但是会呈现出放射状的莲座型。

千代田锦
叶片上的斑点花纹非常漂亮，叶肉很厚，呈现非常结实的辐射莲座状。经常开花，且非常漂亮。

从上到下依次是
小公子 / 祝典 / 宝殿 / 口笛

叶片形状像牙齿一样，非常特别的多肉植物。

番杏科肉锥花属

原产国：南非
繁殖方法：芽插法、播种法

| 1 | 2 | 3 | 4 | 5 | 6 | 7 | 8 | 9 | 10 | 11 | 12 |

在休眠期时，枯萎的皮会包住植株，看上去整个植株都是枯萎的。当休眠期过去之后，枯萎的皮会脱落并开花。如果前一年开过一次花的话，就会分出两个植株，如果开过两次花的话，就会分出三个植株。如果没有开过花的话，母本就不会分株。根据品种的不同，开花次数也不一样。

栽培重点

成长期不要缺水，休眠期时要完全断水，让其休眠。一定要在9月移栽，这样成长起来才会更快。在移栽的时候，把繁殖用的植株分离出来会更好。在分株的时候尽量不要伤害到母本，要把幼株剪下来。在成长过程中要经常让其沐浴阳光，这样会长得更好。

弹簧草

叶子像弹簧般卷曲可爱。
风信子科哨兵花属

原产国：南非
繁殖方法：分球法

1	2	3	4	5	6	7	8	9	10	11	12

※盛夏进入休眠期

一眼看上去叶片像葱一样。冬季的时候，所有的叶片全部掉光，土面没有任何留存。叶肉不是很厚，但是卷曲的叶尖非常可爱，这样的品种有很多。春季的时候会抽出花茎，从下往上依次开放。

栽培重点

春季是生长期，最好在冬季或者早春时节进行移栽。非常耐寒耐高温，所以栽培起来很容易。如果没有充分接受阳光的照射，叶尖的卷曲就会变直消失，所以要常年晒太阳。在成长期要多浇水，到了休眠期必须要断水。

苍角殿

就像是从洋葱里长出来的一样。

苍角殿属

原产国：南非
繁殖方法：分球法

1 2 3 4 5 6 7 8 9 10 11 12

和洋葱一样，到了冬季就会进入休眠期，只有一个圆圆的球。到了春季以后，就会像龙须菜一样长出卷须。此类植株繁殖方法有变化，将圆形的母本球体割成四份，把每一份上面的鳞片一片片取下来，分别插进土里繁殖幼株。这种方法比较有难度，初次养殖的人尽量不要尝试。

栽培重点

当有叶片的时候可以适当浇水，当只剩下球茎的时候，尽量不要浇水。因此，在成长期的时候一定要给植株浇足量的水，这样球茎才会长得更大一些。如果球茎比较小的话，蓄水量会小一些，这时候要频繁地浇水。

芬芳橄榄

这也算得上是多肉植物？主要特点是叶片带香味。

橄榄科裂榄属

原产国：北非

繁殖方法：芽插法

1 2 3 4 5 6 7 8 9 10 11 12

像上图所示，在没有叶片的时候非常耐旱。枝干呈酒壶状，树皮像划过的猴面包树皮一样。叶片上有胡椒的香味。进入休眠期之后，叶片会落光，进入成长期之后，又会长出新叶。

栽培重点

在夏季可以和栽培其他植物一样地管理它即可。也就是说，在没有下霜之前，和外面院子里的其他植物一起管理就可以长得非常好。然后在霜降之前把它从土里拔出来，移到室内培养，无需移栽到花盆里，直接原样放在室内，等春季的时候直接移栽出去即可。如果是种在花盆里的话，要断水管理。

爱之蔓

叶片的纹路和花都非常有特点。

萝摩科吊灯花属

原产国：南非

繁殖方法：芽插法

| 1 | 2 | 3 | 4 | 5 | 6 | 7 | 8 | 9 | 10 | 11 | 12 |

※本品种的花期有些许差别。

这一品种的主要特点是叶片非常小。所以枝干部分的光合作用非常活跃，在管理的时候一定要让枝干部分得到足够的阳光照射。植株属于藤蔓植物，叶片的花纹也非常有个性。花的形状也千变万化。初次栽培的人也能培育出花，比较有名的品种就是心形玻璃。

栽培重点

大部分品种都是夏季型，只有藤蔓类的（天之魔鬼、薄云等）需要放在阴凉处管理。藤蔓会从球茎中抽出来。繁殖的时候可以把球茎移栽出来即可。在成长期的时候要稍微多浇一些水。在休眠期的时候也不要完全断水，可以适当少浇一些以免枯萎。

龟甲龙

从龟壳上抽出来的藤蔓?

薯蓣科龟甲龙属

原产国：南非

繁殖方法：播种

非洲产
| 1 | 2 | 3 | 4 | 5 | 6 | 7 | 8 | 9 | 10 | 11 | 12 |

墨西哥产
| 1 | 2 | 3 | 4 | 5 | 6 | 7 | 8 | 9 | 10 | 11 | 12 |

球茎部分特别像龟背的壳，藤蔓和叶片特别像山芋。球茎部分的花纹非常有趣，是非常有人气的品种。生长非常缓慢，市面上卖的比较成熟的植株都是天价。有非洲产和墨西哥产两种类型，其生长循环周期完全相反，一定要注意。

栽培重点

只有在有叶片的时候才经常浇水。因为藤蔓会抽得非常长，所以可以放一根支柱让藤蔓绕在上面，这样会节省空间。但是，尽量让叶片多长一些，这样有利于来年的成长。所以，虽然藤蔓很多，看上去不整齐，也不要随便剪掉。

非常厚实的叶片超级惹人爱

景天科银波锦属

原产国：南非

繁殖方法：芽插法

❀ ❀ ❀ ⚘ ⚘ ⚘ ⚘ ❀ ❀ ⚘
| 1 | 2 | 3 | 4 | 5 | 6 | 7 | 8 | 9 | 10 | 11 | 12 |

※根据品种不同在开花期开出的花朵也不一样多。

从上面看，叶片的排序是十字形。叶片呈90°交叉互生。咖蓝菜属的花也是呈十字状（四片花瓣）开放，而银波锦属的花有五片花瓣呈五角星状。银波锦属的花朵都非常大，非常具有观赏性，而且开花频繁是其一大特点。

栽培重点

景天科中最容易栽培的品种，但是像白眉这种的最近才培育出来的新品种是不耐高温的。还有很多品种非常耐寒，冬季在室外也可以过冬。带有白粉的种类非常喜光，一定要多晒太阳。

猫爪子
叶片形状酷似小猫的爪子，由此而得名。叶片细小。熊童子叶片边缘的齿有五个，而猫爪子的叶片边缘的齿只有三个。

轮回
叶片上面有白色的粉，红叶时节叶片边缘会变成漂亮的红色。植株比较高。

熊童子
叶片像小熊在拍手一样，因此而得名熊童子。整个植株上都有绒毛，非常有肉感。

银波锦
叶片边缘像是波浪一样，而且整片叶片上面覆盖着一层白色，因此而得名。多年生植株，可以长很大。

福娘
叶片呈圆形，整体覆盖着一层白色。在红叶的时候，只有叶片边缘部分变成红色。是小型品种，群生。

个性的姿态与红叶非常漂亮。

景天科青锁龙属

原产国：南非、东非
繁殖方法：芽插法

| 1 | 2 | 3 | 4 | 5 | 6 | 7 | 8 | 9 | 10 | 11 | 12 |

※根据品种不同在开花期开出的花朵也不一样多。

绝大部分品种和咖蓝菜、银波锦一样，叶片呈十字状，而且更接近正方形。特点是花瓣有五片，花朵带香味。是品种较多的科属，仅仅这一科属里面就有非常多的变种，是一个非常完美的珍藏品。多数品种都有红叶现象。

栽培重点

大部分不耐高温，冬季生长，在夏季的时候不要浇水，放在通风处即可。用风扇给它吹风效果会更好一些。夏季不要放在密闭的房间里，可以放在阳台上并给其遮一下光即可。不耐高温，最好不要在春季繁殖，可以选择秋季的时候进行芽插法繁殖。

绒猫耳
叶片表面带毛，整个枝叶呈藤蔓状匍匐生长。红叶期叶片呈现紫色。

钱串
叶片很厚，叶片之间的间隔很小，红叶期时叶片边缘呈现红色。

花月
红叶期时叶片呈红色。叶片表面有毛。经常开花。

岩塔
淡淡的绿色，绿中带有黄色，叶片很厚。生长非常缓慢，叶片鲜亮非常适合做盆景。

神童
叶片成深绿色，从叶片之间会抽出粉红色的花芽，因为很容易开花，所以非常有人气。

火祭
在温暖的季节里叶片呈绿色，进入红叶期之后叶片完全变红。鲜红的植株用来做盆景非常亮丽。喜光。

象牙塔
叶片表面有短毛。生长非常缓慢，在植株的旁边会长出幼株，群生。

神刀
叶片和刀的形状一样，因此称作神刀。不要断水，这样叶片才会长得水灵有质感。

吕千惠
植株很小，生长非常缓慢。初春的时候会在中心部分开出像绣球花一样的粉红色小花。

火祭之光
带斑点的火祭。红叶期时叶片的粉红色会更深一些，看上去会更好看。

南十字星
叶片上有非常漂亮的斑点。叶片不是非常的厚实，但是黄色或者粉红色的叶片在红叶期时非常漂亮。整个植株向上生长。

花椿
植株不是很高，横向群生。花朵有淡淡的香味，花束很漂亮。

银箭
叶片上有绒毛，易摘取，可以简单地用叶插法繁殖。花朵很小，但是花剑很长。不喜热。

筒叶花月
也称成吸财树，因造型独特而超具人气。造型像金钱树一样。

天狗之舞

绿色的叶片进入红叶期之后会变成黄色或者红色。生长速度很快，种在大花盆里的话，很快就能长成一盆非常漂亮的盆景。

若歌诗

叶片上有绒毛。圆圆的叶片进入红叶期之后，会变成红色。一般在暖和的季节里叶片呈绿色。群生。

数珠星

正方形的叶片，看上去支撑着整个枝茎，形态非常个性。先沿着向上的方向生长，后来慢慢地会倒下来匍匐生长，然后在接触地面的部分生出新芽。群生。

银盏

叶片较厚，细长的叶片呈放射状生长。叶片表面非常粗糙，没有光泽。

小夜衣

成长非常缓慢。叶片整齐的十字形排列。叶片上带有花纹。从植株中心抽出花茎开花。

翡翠木

一直非常有人气的品种之一。长大之后，枝茎非常粗壮，看上去有一种大型植株的感觉。

红稚儿

温暖的季节里，叶片非常小呈绿色，像杂草一样。等进入红叶期之后叶片会变成红色，并且此时会开出鲜花，非常引人注目。

黄金花月

叶片上面有非常漂亮的花纹。进入红叶期之后，枝茎会变成红色，叶片会变成黄色，颜色组合搭配非常漂亮。

姬神刀

神刀的小型品种。叶片呈左右排列。抽出花茎开花之后，宛如一幅画一样，非常漂亮。

叶片排列呈花朵形，是非常漂亮的多肉植物。

景天科石莲花属

原产国：非洲、中南美
繁殖方法：叶插法、芽插法

| 1 | 2 | 3 | 4 | 5 | 6 | 7 | 8 | 9 | 10 | 11 | 12 |

※一般没有休眠期，夏季不耐高温，在夏季的时候需要断水让其
　进入休眠期比较好。
※一年中的开花周期不定。

品种非常多，按大类来分的话，可以分为大型的卷心菜型和厚叶的放射型。放射型用叶插法非常容易成活，而大型的植株无法用叶插法，所以一般截取一段枝茎进行繁殖，成活之后再进行植株整形。截取时剩余部分枝茎会长出幼芽也可以用来繁殖。此外，花芽的花茎截下来长出幼芽之后也可以用来繁殖。

栽培重点

是非常喜欢阳光的品种，因此一定要放在阳光下。植株生长非常迅速，下面的叶片会陆续枯萎，所以要经常把枯萎的叶片摘下来，保持植株的清洁，不然枯叶上面会发霉。植株非常不耐高温，夏季的时候要放在通风良好的地方，不要浇水，适当遮光。

野蔷薇
只有叶尖会变成红色，看上去非常纤细。和静夜非常类似，比静夜稍大一些。不耐高温。

小红衣
从秋季开始，叶片会长得非常厚实。进入红叶期之后，叶片会呈现粉红色，非常有人气。别名姬莲。不耐高温。

白凤
呈大轮廓的放射状。绿色的叶片进入红叶期之后会变成淡淡的粉红色。

红辉艳
叶片和枝茎上均附有绒毛。枝茎呈棕色，进入红叶期之后整个植株呈现红色，不耐高温。

霜之鹤
叶片进入红叶期之后呈现亮黄色。下面的叶片凋落之后，上面的叶片继续呈放射状分布。

紫珍珠
进入红叶期之后呈现漂亮的粉红色。不耐高温，一般不能长成大型植株。

静夜
夏季植株较小像是枯萎了一样，等到秋季开始成长迅速。不耐高温，夏季需要断水。

紫珠莲
终年呈现漂亮的粉红色，叶片形状非常好看。

月影之宵
漂亮的淡绿色。叶片厚实呈放射状，小型植株，夏季休眠。

立田锦
叶片的边缘有一种向外扩张的感觉。生长非常缓慢，容易因为高温而受伤，需要多加注意。红叶期时叶片的颜色搭配非常漂亮。

花之司
叶片细长优美。红叶期叶尖变成鲜亮的红色。学名称作金花。

露娜连
淡雅的粉红色非常有人气。开花时花朵非常漂亮。不耐高温，不要将植株放在过热的地方。

吉娃莲
小型植株。红叶期时越靠近叶尖的地方会呈现非常明显的红色。小巧的外形非常有人气。注意不要放在温度过高的地方。

雪莲
全体植株有白色粉末覆盖。叶尖非常尖锐。红叶期时整个植株呈现粉红色。生长缓慢。

大和美尼
叶片上面带有花纹，红叶期时叶片呈红色。相似的品种有大和锦，但是叶片比大和锦稍薄一些。

光辉殿
只有上半部分呈放射状。叶片上面富有绒毛。生长缓慢。

红化妆
叶片从下面依次枯萎。向上生长。红叶期时叶片呈现红色到粉红色渐变的色彩层次。

金曼尼
漂亮的淡粉色。植株不是很大，但是叶片呈现放射状。生长缓慢。

唇
呈大型放射状，红叶期时叶片变成鲜红色，非常鲜艳。较暖和的时节叶片呈绿色，叶片很小。

红日伞
叶片呈放射状，植株较大。进入红叶期后叶片呈现出淡淡的颜色搭配。

月影
绿色的叶片进入红叶期后会变成粉红色。植株不高，呈现放射状。

白牡丹
叶片形状非常优雅漂亮。进入红叶期后叶片变成鲜艳的粉红色，注意不要放到高温环境中。

蓝玫瑰
叶片从下向上依次枯萎，朝上生长。进入红叶期后颜色呈接近红色的粉色。

森林妖精
小型植株。叶片不大，进入红叶期后叶片呈现漂亮的红色。

各个品种都是让人产生占有欲的品种！

大戟科大戟属

原产国：非洲、马达加斯加
繁殖方法：芽插法、播种法

| 1 | 2 | 3 | 4 | 5 | 6 | 7 | 8 | 9 | 10 | 11 | 12 |

※根据品种不同开花期有差别。

绝大部分品种的汁液有毒，特别注意不要沾到黏膜上。如果沾到手上，千万不要接触到眼睛。有些品种雌雄异株，花朵和叶片较小，非常个性的植株占多数。

栽培重点

如果外界温度过高的话，植株会变得虚弱。要特别注意的是，尽量避免在盛夏时期进行扦插或者移栽。在进行芽插法的时候，剪断叶芽之后会流出汁液。在切口处慢慢浇一些水，把汁液冲干净，然后再进行芽插。叶插法的成活时间比其他品种花费的时间要长一些，需要精心培养。

布纹球
圆圆的像球一样。植株表面的花纹非常漂亮。长大之后，球体向上生长。

长刺魁伟玉
表面的花纹是其主要特点。花茎长刺一样。生长期花茎变成红色。

红彩阁
绿色枝茎和红色的刺搭配在一起非常漂亮。不要浇太多的水，这样刺的颜色才可以保持很长一段时间。

琉璃晃
深绿色的枝茎，形状非常个性。从枝茎中间会抽出黄色的花。

彩云阁
作为装饰用的仙人球非常有人气，是杂交品种。只有在生长期的时候会有叶片。

麒麟花
成长期时会长出叶片，冬季落叶。经常开花。

姬秋丽

可以用叶片进行简单繁殖，生长速度非常快。

景天科风车草属

原产国：墨西哥

繁殖方法：叶插法、芽插法

🌱🌱🌱🌱🌱🌱🌱🌱🌱🌱🌱🌱
| 1 | 2 | 3 | 4 | 5 | 6 | 7 | 8 | 9 | 10 | 11 | 12 |

※盛夏进入休眠期。

除去一小部分品种外，大多数品种都非常健壮。很早之前是自生在农家院里的品种，经过培育之后长成观赏植物。它们的生命力非常顽强。绝大部分品种可以用叶插法进行繁殖。粉红色的红叶让人赏心悦目。

栽培重点

非常耐寒、耐高温，因此栽培非常简单。胧月等品种可以常年放在室外种植。生长非常快，一般在地面上匍匐生长。如果经常放在阳光下，到了秋季它们会呈现出红色的叶片，非常漂亮。如果植株长得太大，可以剪下来重新扦插，这样培育出来的植株更紧凑。

断崖女王

春天鹅绒状的叶片生长出来也是一种乐趣。

景天科大岩桐属

原产国：巴西

繁殖方法：将叶片背面划伤之后会长出幼株

| 1 | 2 | 3 | 4 | 5 | 6 | 7 | 8 | 9 | 10 | 11 | 12 |

在休眠期时会开花，可以早于叶片或者和叶片同时长出来。因此花期在4月左右。白色的绒毛覆盖的天鹅绒状的叶片非常惹人爱。叶片与橙色的花朵之间的对比非常漂亮。植株原产巴西，又称为月宴。

栽培重点

进入休眠期之后，整个植株只剩下球根部分，要避免强光照射。虽是球根植物，但在有叶片的时候不要间断浇水。在夏季休眠期，只要不让土壤太干即可。不要担心叶片枯萎掉落，一直保持这种状态到其重新回到生长期。长出小的新芽标志着已经进入成长期，这时可以开始浇水。

荒波 / 四海波

像波浪一样的叶片带来很大的视觉冲击

番杏科肉黄菊属

原产国：南非

繁殖方法：芽插法、播种法

| 1 | 2 | 3 | 4 | 5 | 6 | 7 | 8 | 9 | 10 | 11 | 12 |

※开花期根据品种不同有差异。

种类非常多，但是大部分植株形状都像草一样。花朵的大小也不尽相同，分为白花种和黄花种，一般都在下午3点开花，所以又称为"三点草"。叶片边缘呈波浪状，因此名字中带有"波"的居多。

栽培重点

植株非常健壮，除了严寒天气要放在室内之外，其他时间均可以放在室外培养。成长非常迅速，换盆频繁，大约每年都需要换一次花盆。换盆之后可以接受充分的阳光照射，这样植株会长得更旺盛，形成的花芽更多，会开更多的花，植株形状也会更漂亮。可以用分株法进行繁殖。

五十铃玉

叶片形状像棒子一样呈像晶体一样的构造。

番杏科棒叶花属

原产国：南非

繁殖方法：芽插法

※开花期根据品种的不同有差异。

学名Fenestraria，窗户的意思。正如其意，叶尖呈晶体状的天窗模样，从这里吸收阳光。石生花属也有非常相似的特点，但是棒叶花属更像晶体一些，这一形态特点非常有人气。

栽培重点

全年都是生长期，一般为群生。植株非常柔软，如果植株过多过密，中间的植株可能会因闷热而腐烂，从而导致整个植株枯萎。不管春夏秋冬，只要感觉植株过大，就可以进行分株，如果不想繁殖更多的植株的话，可以适当控制浇水量，控制其生长速度。不耐高温，在夏季的时候叶片会比较稀少，看起来没有精神，到了秋季就会长出很多叶片，开始生长。

叶片肉质很厚，花朵非常大。

百合科鲨鱼掌属

原产国：南非
繁殖方法：分株法

| 1 | 2 | 3 | 4 | 5 | 6 | 7 | 8 | 9 | 10 | 11 | 12 |

※盛夏时节进入休眠期

叶片呈二列叠出，排列整齐。在潮湿环境下培育，这样下面的叶片不容易凋落，可以呈现出五重塔那样的形状。叶片肉质很厚，非常坚硬是其主要特点。从小型植株到大型品种应有尽有。分株法繁殖起来非常方便。

栽培重点

全年都是生长期。如果换盆不及时的话，可能会出现烂根现象。一年一次定期进行换盆比较好。如果想要呈现出宝塔形状，尽量放在光照好的地方。如果光照过强，叶片可能会出现红褐色。一定要注意观察植株变化，适当调整。

卧牛
像牛舌一样。叶片表面非常粗糙，呈二列叠出。生长缓慢。

比兰西
叶片厚实，叶尖呈圆形，二列叠出。生长缓慢。

子宝锦
小型品种，植株非常小。幼株非常多，群生。是子宝的带斑纹变种。

富士子宝
稍微带点绿色的厚叶片，颜色很浅，是非常绝妙的颜色搭配。

银纱子宝
叶片是非常有厚实感白色，植株渐渐长大之后叶片呈莲座状生长。

glomerata
肉质非常厚的叶片表面有凹凸。叶片为深绿色，呈厚实球状。

左起
福来玉 / 紫熏玉 / 曲玉
紫熏玉 / 日轮玉 / 曲玉
日轮玉 / 紫熏玉 / 曲玉

像石头一样的外形可以躲避虫害，拟态植物，有蜕皮现象！

番杏科石生花属

原产国：南非

繁殖方法：芽插法、播种法

🌱1 🌱2 🌱3 🌱4 🌱5 🌱6 🌷7 🌷8 ✿9 ✿10 🌱11 🌱12

和棒叶花属一样，是叶片上有天窗的品种。天窗的形状多种多样。颜色和形状非常有层次感，品种很多。蜕皮之后会长出新的叶片，被称为动物性植物。一般情况下一年蜕一次皮，有时也会蜕好几次。

栽培重点

不耐高温，夏季的时候要放在通风凉爽的地方。也可以在植株旁放一台风扇吹风。成长期是从秋季到第二年的春季。生长期的时候要浇大量的水，让其迅速成长。夏季的时候要断水，让其进入休眠期。如果光线不充足的话，可能会长得很高，然后植株变弱最后枯萎。

眉刷毛万年青

边缘圆圆的叶片呈两列生长，非常少，却是非常可爱的治愈系品种。

石蒜科网球花属

原产国：南非

繁殖方法：分球法

| 1 | 2 | 3 | 4 | 5 | 6 | 7 | 8 | 9 | 10 | 11 | 12 |

※红花系进入休眠期后叶片会凋落只剩下球根。

秋季开花，开花之后进入生长期。花朵像眉刷毛一样，因此而得名。有白花种和红花种。花朵非常漂亮，十分夺目，仔细观察叶片会发现叶片表面有绒毛，形状非常简单但是看上去非常有型。具有万年青所特有的所有优点。

栽培重点

大部分品种都是秋季开花，冬季生长，夏季进入休眠期时只剩下球根部分。当叶片枯萎之后，需要用剪子等工具把叶片摘下来。

大部分品种的叶尖呈晶体状构造。

百合科十二卷属

原产国：南非
繁殖方法：分株法

叶尖呈晶体状构造，可以自行收集阳光，然后进入体内进行光合作用，这属于进化品种。叶尖晶体状的构造呈透明状，非常漂亮，因此非常受欢迎。植株在爱好者中非常有人气，进行过很多种杂交，原有品种较少杂交种较多，所以种类区分起来比较困难。

栽培重点

不要放在强光下，最好放在柔和的光线下面培养。虽说是柔和的光线，但是光线强弱的辨别也因人而异，所以要注意观察植株的状态，适当进行浇水量和光线的调整。如果叶片变成棕色的话，可能是浇水过少，光线过强。叶片长得比原来长了很多的话，可能是浇水过多，光线不足。叶片较硬的品种一般比较强壮一些。全年需要浇水。

条纹十二卷
叶片上的花纹非常清晰，非常漂亮。

玉露
叶尖是晶体状。叶片是透明状，非常漂亮，圆圆的叶片是其主要特点。

京之华
非常漂亮的黄绿色叶片。叶尖有少许透明感。

雪之花
如果在强光下放置并少施肥料，叶片会变成红色。

静鼓
玉扇的杂交种。叶尖比玉扇更薄，呈放射状生长。

黑晰蜴
杂交种。叶片短而细。有白色的斑点，和黑色的表面形成鲜明的对比。

白蝶
有斑纹。黄色和白色搭配起来非常鲜亮。用作盆栽非常抢眼。

luteorasea
小型植株。非常有突出感，可爱型。

青玉帘
小型植株。叶尖圆圆的，颜色是鲜绿色，非常有人气。很容易生出幼株，群生。

宝草
肉质厚实的叶片呈放射状展开生长。叶片表面有透明感。

雪之华
亮绿色。比其他品种更加柔软一些，表面摸上去更加有质感。

绿玉扇
叶片很长，叶尖表面有透明晶体感。

松之霜
比十二卷的叶片胖一些，有斑纹。如果遇到寒冷的天气，叶片会变成红色。

十二卷
一直以来非常有人气，非常易于栽培，在庭院中是非常常见的品种。

子熊座
亮绿色的叶片向上生长。叶片上面有凹凸感，并且有斑纹。

花镜
叶片非常小，呈非常奇特的放射状。植株上很容易长出幼株，群生。

美吉寿
叶尖的形状非常多变的品种。叶片呈深绿色，叶尖呈晶体状。杂交种。

草玉露
亮黄色的绿色叶片。叶尖上有少许的透明感。比京之华的叶尖更加尖锐一些。

玉露锦杂交种
叶片整体全是圆形的，非常厚实，绿色。杂交种。

青蟹寿
爬行动物的模样，颜色搭配非常个性。叶片表面的斑纹非常个性、有趣。

曲水之宴
叶尖的部分呈现晶体状，整体叶片呈现漂亮的放射状。生长缓慢。

晶体状结构

　　按照硬叶片和软叶片来分，十二卷属中的种类可以分为两种。软叶片的品种中，大部分品种的叶尖呈透明状的晶体构造。大家知道这是为什么吗？如果你了解十二卷属的原产地，那么就可以知道这种构造的形成原因了。一般植物从地表长出来之后，全身都可以沐浴在阳光下，但是十二卷属生长在炎热而且没有雨水的地方，所以想要和普通植物一样生长，水分会很快蒸发掉从而枯萎。此外，如果遇到想要喝水的动物，植株可能会被吃掉而灭绝。所以，十二卷属会藏在土壤里面。但是，光线不足的话，光合作用无法完成就会枯萎，所以叶片顶面的晶体状部分露在地表上面，从这里把阳光吸收到体内，进行光合作用维持生命。这不仅仅是十二卷属的一部分品种的特质，石生花属也是如此，棒叶花属也有相同的构造。在此多加一句题外话，日本比原产地光线弱而且空气更加潮湿，所以像原产地那样只把叶尖露在地面之上栽培比较困难。

珊瑚油桐

像珊瑚一样的花朵非常漂亮，叶片也非常大，特别有魄力！

大戟科麻疯树属

原产国：中南美
繁殖方法：播种

↑ ↑ ↑ ✿ ✿ ✿ ✿ ✿ ✿ ✿
1 2 3 4 5 6 7 8 9 10 11 12

※特别不耐寒。

非常善于栽培的老手的话，移植一年之后，枝干就可以长成像图片一样的酒瓶型。成长期叶片非常大而且很繁茂，开花时花朵像珊瑚一样，非常漂亮。因为其形状而得名"珊瑚油桐"。生长迅速，大方而又个性的形态作为室内装饰非常有人气。

栽培重点

标准热带植物，所以最低温度不能低于15℃。现在的品种在5℃即可安全过冬。如果5℃也达不到的话，在霜降之前需要把叶片和花朵全部剪下来，像和尚一样。然后把植株从土里拔出来，放在干燥的地方让其休眠，等到来年春季再重新栽植。成长期需要频繁浇水。

51

素雅而富有变化的种类居多。

景天科伽蓝菜属

原产国：马达加斯加岛、南非
繁殖方法：叶插法、芽插法

| ✿ | ✿ | ✿ | ✿ | ✿ | ✿ | | | | | | |
|1|2|3|4|5|6|7|8|9|10|11|12|

※基本终年都是生长期，只是不耐寒、不耐热。
※开花期根据种类的不同，有很大差异。

叶片的生长方式是十字形，花朵也呈十字形开放。从叶片上面发出新芽，繁殖力非常旺盛的品种有很多。叶片边缘发出很多新芽进行繁殖，像趣蝶莲等都是因为叶生芽而得名。有些品种的叶片上有花纹，有些带绒毛，非常有个性的品种较多，作为装饰品非常有特点。

栽培重点

一般都属于夏季型品种，但是只要是温暖的环境，冬季也会开花。在温度适宜的情况下，和普通花草一样生长非常旺盛，栽培起来特别顺手，但是一到冬季就立刻变了模样，立刻停止生长，进入休眠期。在霜降之前必须放在温暖的室内。

蝴蝶之舞锦
叶尖上面有大理石纹路。叶片是非常漂亮的红色。像海葵一样。

玉树
多年生植株。冬季时叶片会变成圆圆胖胖的，叶片边缘会变成红色。

小匙
叶片形状像汤匙的形状，因此而得名。叶片和枝茎上面都生有绒毛。

仙女之舞
叶片和枝茎上面都生有绒毛。叶片从下往上依次枯萎而向上生长。多年生植株。

扇雀
叶片是银色的，上面带有棕色斑点。容易掉叶片，叶插法容易成活。和姬宫属于同一品种。

黑兔耳
叶片边缘的斑点连在一起，整个叶边呈黑色。和月兔耳是不同的种类。

月兔耳
叶片和兔子的耳朵一样，所以称之为月兔耳。丛生。

尖牙
叶片的背面凹凸不平，有像牙齿一样的突起，因此而得名。整个植株上面长满了绒毛。

圆叶朱莲
朱莲中叶尖是圆形的品种。红叶期叶片变成鲜红色。生长缓慢。

趣蝶莲
叶片边缘会长出很多小幼株，这些小植株掉在土壤里的话会迅速成长。别名"落地生根"。

仙人之扇
像生锈一样的棕色天鹅绒叶片。叶片很大，非常漂亮的品种。

白姬舞
形状像海草一样，非常漂亮，非常个性的品种。叶片的形状非常有趣。红叶期时叶片呈红色。

福兔耳
叶片是白色，叶片上的绒毛像是给叶片覆盖了一层白雪一样。不耐热，夏季需要断水。

朱莲
鲜红的红色叶片，作为盆栽非常吸引人的眼球。叶片边缘的线条非常漂亮。

花蝴蝶
丛生整个植株会变得非常大。叶片边缘是红色。生长迅速。

姬宫
叶片呈棕色，像是枯萎了一样非常素朴的品种。生长缓慢，丛生，和扇雀属于同一品种。

玉吊钟
叶片凋谢得非常快，繁殖速度惊人。进入红叶期后，叶片呈粉红色，并且开出的花朵也非常漂亮。

不死鸟
和趣蝶莲一样，叶片边缘有很多幼株，并且通过这些幼株繁殖。叶片的花纹非常个性。

紫蛮刀
进入红叶期后，叶片呈现紫色。叶片形状像刀一样，因此而得名。生长缓慢。

冬之红叶
鲜红色像珊瑚一样的红叶。叶片边缘呈波浪状。

黄金月兔耳
月兔耳的黄色品种。整体有绒毛覆盖。生长比原品种更加缓慢。

野兔
棕色的小叶片，和月兔耳属于不同品种。

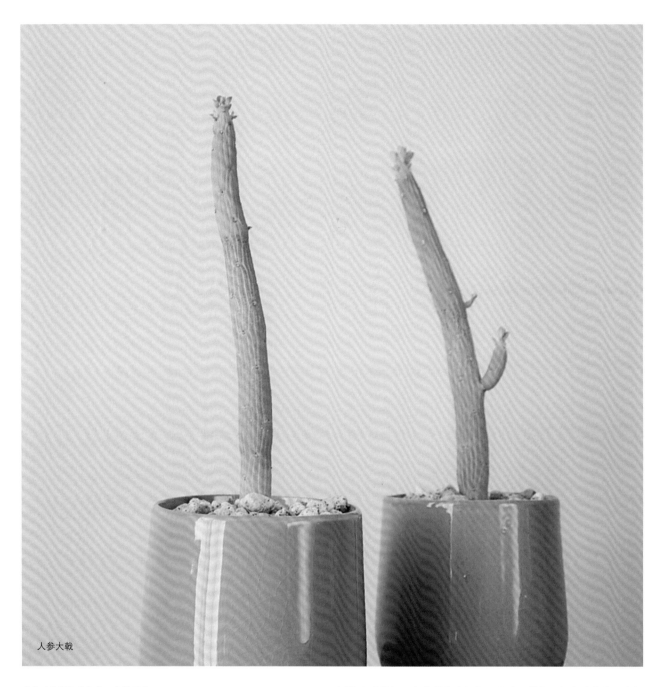

人参大戟

茎和叶片都呈藤蔓状，非常可爱。

大戟科翡翠塔属

原产国：坦桑尼亚

繁殖方法：芽插法

⚘ ⚘ ⚘ ⚘
1️⃣ 2️⃣ 3️⃣ 4️⃣ 5️⃣ 6️⃣ 7️⃣ 8️⃣ 9️⃣ 🔟 1️⃣1️⃣ 1️⃣2️⃣

属性和形状都和大戟科非常相似，花朵呈筒状，颜色非常多，大部分品种开花都非常漂亮。很多品种都很有个性，枝茎也特别有趣。在温暖的生长期会长出叶片，进入休眠期之后叶片全部凋落只剩下枝茎。

栽培重点

属于大戟科，但是很多品种都不耐寒。特别是越冬的时候，需要多注意。必须放在室内培养，一定要断水。天气变暖之后浇水，等待恢复元气。当温度达到适宜生长的时候，要频繁浇水，让其迅速成长，但浇水一定要有度。

凤卵

像恐龙蛋一样可爱。

番杏科对叶花属

原产国：南非

繁殖方法：播种

🌿	🌿	🌼	🌼	🌿	🌿	🌿	🌿	🌿	🌿	🌿	🌿
1	2	3	4	5	6	7	8	9	10	11	12

就像鸡蛋横着放一样，形状非常有特点。每年会蜕皮，然后生长。其他同属的品种会在叶片开花，而对叶花属的植物一般会在早春开花。花茎很短，会开出像蒲公英一样的大花。形态、质感、表面的花纹等都非常个性，变种很多。

栽培重点

对叶花属的一大特点是不耐高温。红帝玉如果不放在相对凉爽、通风的地方，安全度过夏季是非常困难的。对叶花属中最耐高温的是凤卵。

美人云集的高雅品种。

景天科厚叶草属

原产国：墨西哥
繁殖方法：叶插法、芽插法

♈	♈	✿	✿	✿	✿	✿	✿	✿	✿	✿	♈
1	2	3	4	5	6	7	8	9	10	11	12

※品种不同花期也不尽相同。

叶片是典型的多肉叶片，像鸡蛋一样长在枝茎上。可以用叶插法进行繁殖，也可以用芽插法，非常简单。长得太过茂盛的植株可以把枝茎剪下来，扦插也可繁殖。芽插法生根比较慢，需要的时间比较长，但是长出来的根非常健壮。

栽培重点

一年中基本都处于生长期，任何时间都可以进行移栽。植株耐寒、耐高温。叶片非常厚实，和其他景天科植物相比生长稍微缓慢一些，推荐给想慢慢欣赏的人。叶片从下面开始枯萎凋谢，向上生长。一年中都需要浇水，要经常晒太阳。

桃美人
圆润的叶片像气球一样鼓鼓的，非常有人气，生长缓慢。

樱美人
叶片非常饱满，淡淡的红色。

月美人
叶片圆润，长长的。进入红叶期后，变成近乎紫色。

京美人
叶片非常硬实，可以吸收很多水分，非常饱满。进入红叶期后叶片变成紫粉色。

千代田之松
叶片非常大而且紧实，非常密集，给人感觉很结实。

见返美人
叶片细长，呈漂亮的放射状。生长迅速，特征明显。进入红叶期后叶片变成漂亮的粉红色。

神风玉

心形造型非常可爱。

番杏科虾钳花属

原产国：南非

繁殖方法：播种

🌼 🌼 🌼

| 1 | 2 | **3** | **4** | **5** | 6 | 7 | 8 | 9 | 10 | 11 | 12 |

春季开花，可以开好几次。因为是一株一株独立生长的，也可以用分株法进行繁殖。

栽培重点

番杏科中最容易栽植的一个品种，一年中任何季节都可以移植。喜欢阳光，一定要放在光线充足的地方栽培。夏季只要放在通风良好、不闷热的地方就可以继续保持生长状态。

左起
雅乐之舞 / 金钱术

茎和叶子十分协调。

马齿苋科马齿苋属

原产国：南非

繁殖方法：扦插法

1 2 3 4 5 6 7 8 9 10 11 12

※只要温度高，终年都可以处于生长期，太冷则进入休眠期。

只有长到足够大之后才会开花。银杏木等长到一米多高的时候才算是大植株。带有花纹的雅乐之舞一般长得都很小，所以会用嫁接的方法把雅乐之舞嫁接到银杏木砧木上，然后做成盆景。

栽培重点

易成活，培育简单。只要不断水就可以茁壮成长。不耐寒，冬季需要放在室内培养。长出叶片的地方同竹子一样形成一个小节，如果因为生病或者其他原因掉叶片的话，要从节点处把叶片清理干净，阻止疾病进一步传染。如果光线不足，叶片会接连凋落。

在红叶期可以观赏到非常漂亮的红叶。

景天科景天属

原产国：墨西哥

繁殖方法：叶插法、芽插法

1	2	3	4	5	6	7	8	9	10	11	12

※成长期：4月~10月（藤蔓类）
　多年植物每按周期生长
※休眠期：冬季（藤蔓类）

叶片在红叶期时颜色非常绚丽，鲜红的虹之玉就是典型代表品种。肉质较厚的红叶品种非常有人气。还有很多品种枝茎上全是小叶片，和草一样生长。花朵很小，这种独特性也非常具有人气。

栽培重点

大部分品种都耐寒，特别是像草坪一样广泛扩散生长的万年草系，这些一般都种在室外。只是丛生的多年生植株中有一些是不耐寒的。如果放在光线不充足的室内的话，容易丛生很多斜枝。

宝珠
叶片非常有光泽，细长而且硬实。向上生长的多年生植株。

宝珠扇
和宝珠的叶片一样都是圆形的。进入红叶期之后，叶片整体变成黄色，只有叶片边缘部分变成红色。

冬日景
白玉耳坠草的变种，冬日景的叶片更平整一些。

新玉坠
小型的圆形叶片和棉被一样，非常密集地生长在一起。一般是向下垂着生长。

大姬星美人
和姬星美人相似。只是这个品种植株更大一些，进入红叶期之后会变成红色。

新玉
叶片很小，非常有特点。红叶期时叶片会变成红色。经常开花，花朵非常漂亮。不耐寒。

乙女心
只有叶尖部分会变成饱满的红色,这是此名的由来。夏季的时候要注意避免闷热以防受伤。

白玉耳坠草
不会变成红色,一年中都是漂亮的绿色。生长迅速,多年生植株。

八千代
叶片的形状像香蕉一样,多年生植株,下面的叶片凋谢之后向上生长。

小玉
小型植株,生长缓慢。叶片有光泽,非常特别。

黄丽
进入红叶期之后,叶片会变成特别的黄色,一年中叶片都是黄色,非常有观赏性。

春萌
叶片是绿色的。进入红叶期之后,叶尖会变成红色。成长迅速。

姬星美人
叶片非常小，群生。叶片正面有一层绒毛。

虹之玉
绿色的叶片在秋冬季节会变成鲜红色。耐寒，成长迅速，可以放在室外培养。

松之绿
深绿色的叶片非常有光泽。生长缓慢，多年生植株。

黄丽锦
带有斑纹的黄丽。白色的斑纹，进入红叶期后会变成粉红色，非常漂亮。

千兔耳
圆形叶片，非常有特点的多年生植株。夏季不耐高温，会停止生长。

极光
带斑纹的虹之玉。绿色的叶片在进入红叶期后变成漂亮的粉红色。

铭月
黄色的叶片常年都非常有光泽。多年生植株。生长缓慢。

维州景天
叶片是圆形的，向上成长。生长缓慢。绿色的叶片在进入红叶期后会变成黄色。

很多叶片组成放射状造型，非常漂亮。

景天科长生草属

原产国：欧洲
繁殖方法：分株法

| 1 | 2 | 3 | 4 | 5 | 6 | 7 | 8 | 9 | 10 | 11 | 12 |

※开花之后，带有花茎的植株枯萎。

叶片有序地呈放射状排列在一起。叶片很多，超大型的放射状有一种特别的韵味。品种很多，相似的品种也很多，想要仔细区分开是一件非常辛苦的事。开花之后，带有花茎的植株枯萎。

栽培重点

非常耐寒，一般放在室外培养。最好不要放在室内。如果放在室内的话容易阳光不充分，室外培养比较省心。只要有充分的阳光照射就可以简单地培育。在植株上生出幼株，群生。繁殖的时候一般采用分株法。

紫牡丹
整体植株呈紫色。叶片表面有绒毛覆盖，呈大型放射状生长。

观音莲
绿色的叶片呈放射状，中心部分的叶片稍带一点紫色。

绫樱
只有叶尖部分是紫色的，呈大型放射状。

蛛丝卷绢
叶尖上有绒毛。冬季绒毛最多，呈放射状生长。

让人感觉非常清凉的品种。

菊科千里光属

原产国：南非

繁殖方法：芽插法

| 1 | 2 | 3 | 4 | 5 | 6 | 7 | 8 | 9 ✿ | 10 ✿ | 11 | 12 |

植株的汁液有一种特殊的香味。枝叶上面覆盖着一层白色的粉，是此品种的主要特征。很多品种的叶脉和枝茎非常有特点。花朵也很有特点，会经常开花。如果阳光不充足，花芽就会很少。如果是不开花的话，可能是光照不足，需要接受充分的光照。

栽培重点

适合在凉爽的环境下栽培，所以繁殖和换盆也要在秋季进行，特别是植株在夏季不生根。像珍珠吊兰这样的藤蔓类植株，在夏季的时候放在阴凉处也可以生长。终年需要浇水，盛夏的时候也不要断水，这样才可以生长得更好一些。

珍珠吊兰
像绿色铃铛一样的圆球叶片长在整个藤蔓上。盛夏的时候也要浇少量的水。

剑叶菊
叶尖的部分向外伸展。下面的叶片凋谢之后，向上生长。

万宝
叶脉在进入红叶期之后会变红并凸显出来。生长缓慢。

美空牟
叶片非常尖锐，向上生长。成长迅速。

七宝树
枝茎长得非常粗大，只有枝茎上半部分有叶片，进入休眠期后所有的叶片凋落。

白寿乐
叶片的形状酷似泪滴，非常有个性。只有植株顶部有叶片。

牛角

开出的奇特花朵，是其魅力所在。

萝摩科玉牛角属

原产国：南非

繁殖方法：芽插法

只有在新抽出来的枝条上才会开花，所以培养的目标就是让植株不断往外发新芽。植株表皮看上去像爬行动物的皮肤。非常个性的草类的植株上面盛开着奇特的花朵。纹路奇特的花朵居多。终年不长叶片。

栽培重点

不耐寒，冬季需要断水进入休眠期。用枝条进行繁殖的话，需要把枝条剪断，还可以用分株法进行繁殖，春季来临之前不要插在土里，直接放起来让其变干即可。干瘪得很厉害也没有关系。当进入春季之后，再插到土里即可长出新的植株。

70

仙人掌

多肉植物中的仙人掌科包括很多品种，所以很多人把仙人掌独分为一派。其实仙人掌也是一种多肉植物，形态非常有个性，充满生命力。一起来感受仙人掌为我们带来的巨大冲击力吧！

星球属

星兜

扁平的圆形球体。表面有八条棱，把球体均分成八个部分。而且这些棱上面都有相同纹路的花纹。圆形的斑纹和开完花的花座会随着成长逐渐向下移动。花朵是黄色的大花，从球体中间开放。

乳突球属

高崎丸

黑色的刺非常短，与从花座上面长出的黄刺相互映衬，看起来非常漂亮。花座上有很多黄色的绒毛，从这些绒毛中间会长出白色小花，并且呈轮状分布。幼株会从植株侧面长出，并且呈群生。成长非常缓慢，长得非常健壮。

鹿角柱属

太平丸

球体表面呈白青色，覆盖着一层白粉。底部有红色的刺伸出来，成长期时红色特别鲜艳。花朵是粉红色的大花，盛开时特别漂亮。可以长成很大的球体。生长缓慢，易于栽培。

乌羽玉属

翠冠玉

球体底座上的绒毛特别松软，非常可爱。像肉包子一样的圆圆的球体非常有趣，绒毛的附着方式更是可爱，是非常受人欢迎的仙人球。花朵很小，中间部分的绒毛中会开出小花。与同一科属的代表乌羽玉相比，生长迅速一些，球体可以长得大一些。

月世界属

辉夜姬

小型的白色球体上群生着很多小的幼株，长得非常像香菇之类的菌类。有些人可能对它的印象不是很好，但却是非常有人气的品种。身体表面覆盖着白刺。只是单看其中的一根刺的话，也非常漂亮。中间部分凹陷下去，在这个部分会长出可爱的淡粉色小花。

裸萼球属

海王丸

深绿色的球体表面覆盖着金黄色的刺。刺的颜色和形状多种多样，成长期刺的颜色更加鲜艳并且富有层次感。球体表面非常有光泽，呈饱满的绿色。植株最后长成扁平的球状。花朵是白色的大花，非常漂亮。

丝苇属

青柳

叶片连成一片，群生。成长非常
迅速，在温暖的季节里会迅速长
出新芽。新芽生长速度快，前端
会长出很多小的植株，幼株长大
之后就会连在一起，越来越重之
后就会垂下来。从上向下垂着生
长是其主要特点。

乳突球属

玉翁

表面上覆盖着一层柔软的长毛是
其主要特点。雪白色带有光泽
的长毛会长满整个球体。绿色
的球体上面有白色短刺和这些
长毛，看上去就是一个漂亮的
白球。深粉色的小花呈放射状
开放。

仙人掌属

象牙团扇

扁平的圆形叶片连在一起，这是不同于其他植株的特点。这一科属的植物都是这样的形状。这样的圆扁形非常像扇子，所以自古以来一直被人们亲切地称为团扇仙人掌。成长期会长出很多小的植株，可以用扦插法进行繁殖。

老乐柱属

越天乐

成长点周围的刺呈现红色，非常漂亮。柱形仙人掌呈向上生长的趋势。在植株下端有非常长的长刺。形状非常特别，所以非常受人欢迎。只有植株长得够大之后才会开花。

多棱球属

振武玉

刺呈扁平状是其主要特征。绿色的球体表面长出长长的刺，非常漂亮。仔细观察球体表面的话，会发现表面和蛇肚皮一样。这是为了防止水分过分蒸发，减少太阳的光照面积，同时增大光合作用的面积。花朵中间部分呈现紫红色，整体是白色的。

星球属

白鸾凤玉

白色的岩石状表皮看上去非常坚硬，植物中间可以储存很多的水分。表面有斑纹，但是雪白的颜色看上去非常有质感。生长缓慢，但是非常健壮。球体长到一定程度之后，就会向上生长。在顶部中心位置会长出黄色的大花朵。

龙神柱属

福禄龙神木

像融化的蜡烛一样，表面有瘤子状的突起，非常与众不同。因为是柱状仙人掌，所以向上生长。球体表面有一层薄薄的白粉，绿色的植株表面呈现青绿色。在突起的尖端有短刺。只有长到很大之后才会开花。

乳突球属

满月

因圆形球体非常像满月而得名。生长点的边缘会出现红色的刺。通常只有一个圆形的球体，但是这张照片中的仙人掌长出了很多幼株。花朵是粉红色的，花朵会呈放射状排列开放。在乳突球属中属于比较大的花形。喜欢水，所以一般不要断水。

鹿角柱属

太阳

球体表面覆盖着刺，因为是卷刺所以摸上去不会有刺痛感。成长部分呈现紫色到红色的渐变色，非常漂亮。生长非常缓慢，成长期时需要浇足够的水，这样才会长得快一些。当长大一点之后，会开出漂亮的粉红色花朵。

姣丽球属

蔷薇丸

刺的形状非常有个性。椭圆形的白色短刺覆盖在表面，排列得非常规范。刺像花纹一样，让人不禁想拿起放大镜来观察它。生长缓慢，长大之后会群生，花朵非常大。不喜热，夏季要放在通风良好的地方。

乳突球属

白星

很多个白色的球体连在一起，姿态非常漂亮。当球体长到一定大小之后，就会生出幼芽，然后长出的幼株会像小孩子一样迅速成长。刺是卷毛刺，用手碰触也不会感到疼痛。冬季花朵会从刺中伸出来。

多棱球属

雪溪丸

球体外面长满了长刺，是造型非常漂亮的品种。植株会长成非常漂亮的球体。刺一般是奶油色或者白色，有短刺也有长刺，球体上的刺很多。放射状的刺形成的造型非常迷人，百看不厌。初春的时候在球体中心位置会开出紫色的花。

裸萼球属

绯牡丹锦

牡丹玉的斑锦品种。有红色或者黄色的斑锦,非常漂亮的品种。斑锦随着成长会发生变化。因为球体上面有斑锦,所以非常受欢迎,入手价格从高到低不等。喜欢多水的环境,可以在潮湿环境中培育,这样整个植株表面会长满像爬行动物一样的斑纹。

乳突球属

白鸟

小型品种,经常开花,非常好养。非常漂亮的圆形球体长大之后会从植株上分出幼芽,群生。雪白的短刺以及绒毛覆盖在整个球体上,非常漂亮。从这些白毛里面会长出粉红色的小花。非常好养,花朵很小很精致,会给人带来欢乐,所以非常有人气。

栽培仙人掌时的注意事项

很多人都感觉"仙人掌不需要浇水"，所以很多人不给小型仙人掌浇水，但这样植株就会枯萎而死。在仙人掌体内有一个可以储存水分的容器，小仙人掌的储水容器相应的要小一些，所以如果不浇水，肯定不会生长。只要稍稍把这些栽培方法记在心里，就可以轻松培育仙人掌了。仙人掌生长缓慢，但是长时间接触下来你会发现它是非常可爱的。

浇水

据说仙人掌的体内有 95% 以上都是水分，也就是说仙人掌可以储存非常多的水分。所以植株越大储存的水分越多，这样浇水的次数少也不会有大问题。一年不浇水，有些品种可以自行吸收空气中的水分储存在自己体内，这样就不会枯萎而且可以健壮地成长。但是植株较小的仙人掌体内储存的水分较少，需要经常浇水。虽然不浇水也不会枯萎，但是想要仙人掌长得好一些，还是需要浇水的。一次浇水的量大约为盆底出水即可。如果花盆底没有洞，每次只要把花盆里的土全部浸湿即可。如果缺水，植株上会出现皱纹，这就是需要浇水的信号。

放置地点

刺是为了遮光进化而来的。在植株体表覆盖着一些刺的话，刺形成的阴凉处会凉快一些。所以想要保持住这些漂亮的刺，就把仙人掌放在阳光下管理。相反，如果是刺短、球体露在外面的品种，在盛夏的室外，一定要放在遮阴的地方，不要让太阳直晒。如果放在弱光下面的仙人掌突然放在强光下，可能会导致晒伤。常年放在阳光较好的地方比较好。

肥料

如果植株生长缓慢，移栽换盆的时候可以在盆里放入一些肥效长的肥料。药效很强的肥料不适合放入，这样可能会烧伤植株。

繁殖方法

可以用种子繁殖。播种繁殖可以繁殖出很多品种，而且繁殖出的植株会非常强壮。柱形仙人掌可以用芽插法进行繁殖。

仙人掌的花

关于仙人掌的花有各种各样的说法，"倾注感情才会开的花"，"不认真栽培就不会开花的"等。事实的确如此。成长期需要充分的光照，需要倾注感情对其用心；休眠期要断水，需要严格遵守这些规则来培育。如下是培养仙人掌的诀窍，也是让仙人掌开出美丽之花的诀窍：在成长期要尽可能地让仙人掌沐浴在阳光下，大部分仙人掌都会在冬季进入休眠期，这一时期要停止浇水。在沙漠这样的环境里，有一段时间会完全不下雨，这样生命活动会停止，进入雨期之后会补充足够的水分，然后开始进入生长期，终年都是这样的循环过程。需要为仙人掌营造这样的生活环境，是栽培的重点所在。此外，每年换一次盆，可以使植株长得更好。只要做到以上几点，大约就会开花。让仙人掌开出美丽之花吧！

向山幸夫讲授
多肉植物的历史
以及栽培技巧

向山是本书作者松山美纱所崇拜的老师。现在在千叶县佐仓市经营"二和园"，采访当天是非常平常的日子，来买花的客人络绎不绝。松山向专家向山老师请教多肉植物的栽培方法以及多肉植物的属性等。

松山 = 松　向山 = 向

多肉植物的历史非常悠久

松　什么是多肉植物呢？

向　为了和仙人掌区别开来，才有了多肉植物一说。其实仙人掌也是一种多肉植物，因为植株的肉质比较多。实际上多肉植物中很大一部分属于仙人掌科。因此只是把仙人掌科单独拿出来，其他的全部分在多肉植物的范畴里。仙人掌也就是仙人掌科，是一个科属。但是，多肉植物都是因为从形态上看肉质比较多而称为多肉植物。可以类比其他类植物的名称。多肉植物里面最多的是番杏科植物，另外一科是大戟科。此外，现在所说的墨西哥原产植株，都是当下非常流行的盆栽材料石莲花属植物，这属于景天科。这里所说的景天科，在植物学中也非常有名。听说过 CAM 植物吗？这里的 C 指的是景天科的首字母 C，A 指的是酸，M 指的是新陈代谢。

松　这也就是说它们的光合作用和其他植物不一样吗？

向　是的。白天在空气干燥的地方生长，所以看上去会和其他植物一样进行光合作用，但是如果气孔打开就会流失过多的水分，植株体内会过于干燥。因此，白天的时候气孔是关闭的，不吸收二氧化碳。在夜间温度下降之后，在体内水分不流失的情况下，气孔会张开，吸收二氧化碳转化成羧酸储存在体内。太阳出来之后，植株会将体内储存的二氧化碳直接用来进行光合作用。这样的植物称作 CAM 植物。大部分多肉植物是这样的光合作用形式。此外，卡特兰属的植株也采用此模式，其实卡特兰属植物也可以称之为多肉植物。

松　受教受教！向山老师所了解的这些知识以前是在什么地方学习的呢？

向　这些东西也算不上学习，一直从事这一工作 50 多年了，自然就记住啦。

松　但是刚开始的时候，这方面的知识应该很少吧？有没有看过什么书呢？

向　没有看过书。非要说看过的书的话，那就是看过中学、高中时候的理科教科书，从上面积累了一些基础的知识。那些书给了我很大的帮助。经常有人问我比较好的仙人掌、多肉植物的栽培书籍是什么？我会让他们看中学的理科教科书。

松　50 年前说起多肉植物的话，应该很多人还不知道吧？那么您是怎么开始了解的呢？

向　不是这样的哟。大家一直都在种植，只是在后来开始流行起来的。以一部名叫《在沙漠中生存》的迪士尼电影为契机，仙人掌开始大范围流行开来。

松　您也是看了这部电影之后开始喜欢多肉植物的吗？

向　我从小学的时候就对植物非常感兴趣，在一次庆典活动中买了人生中的第一盆仙人掌。所以我应该是很早就开始喜欢多肉植物了。大家对栽种多肉植物非常感兴趣，都说是因为多肉植物是一种新型植物，但是在 20 世纪中期出版的杂志就刊登了仙人掌展会的照片，那阵容一点也不输现在的水平。所以说多肉植物有着悠久的历史。

松　多肉植物最初是进口过来的吗？

向　对的。早期多数是从德国进口过来的。从明治时期开始，从德国进口的品种越来越多。

松　那么明治时期是最早引进多肉植物的时间吗？

向　比那更早呢。是从江户时代开始的。翻看历史书就会知道，听说过大田蜀山人吗？有一篇文献曾向他提出关于多肉植物的问题，现在看来大概说的是景天科大戟属。由此可以看出从江户时代开始日本就有多肉植物了。

松　那么从什么时间开始普及的呢？

向　从前就已经非常流行了。在名古屋的仙人掌专业园"光兆园"里就出版专门研究仙人掌的杂志。现在这里已经没有仙人掌了，在神奈川县藤泽市有一个仙人掌园"京乐园"。那是一个名叫片桐的人从明治时期开始经营的，是传统的武士之家，知道大阪夏之阵时代的片桐且元吗？他曾经是服侍过丰臣秀赖的人，他是片桐且元的后代。

松　以前是在贵族之间栽培的吗？

向　是的。以前是非常珍贵的植物，价格非常高，所以一般平民买不起。举个例子，我比较了解的年代里，大学毕业生的第一月工资是10000日元，一棵绯牡丹锦2000~3000日元。在那之后不久，一个木匠的工钱在700日元的时候，绯牡丹锦的价格就要500日元左右。

松　那真是高级奢侈品呢。

向　所以，稍微高级一点的品种就需要倾尽一个月的薪水。我也没有钱，买不起，所以只能买平日里比较常见的品种。说起仙人掌的历史，一时半会儿是讲不完呐。

最重要的诀窍就是"给予充足的阳光"

松　最近有关多肉植物的受欢迎程度，您是怎么看的呢？

向　我们是卖多肉植物的，所以卖得越多我们越高兴。但是最近最流行的当数十二卷属吧？韩国、中国等大量进口，掀起了世界范围内种植多肉植物的热潮。

松　对于今后的多肉植物系列您有什么看法呢？

向　最近十二卷属非常流行，今后也不会衰退下去。最近大家都在进行品种改良，品种会越来越多，价格会越来越便宜，不会衰退下去。主要原因是，在室内栽培还是非常有乐趣的。比如说，像仙人掌这样的植株，茎部没有光线照射的话，肯定不能生存下去。但是十二卷属的植物在半阴凉的地方也可以生长，只要有日光灯或者是LED灯照明的话，就可以让植株生长下去。现在室内园艺非常流行，主要原因是不占用太大的地方。从这个角度来看，十二卷属是不会衰退下去的。

景天科石莲花属也曾经流行过一时吧？但是石莲花属的植物没有强光照射叶片，不会呈现出漂亮的颜色，如果是新手，还是建议栽培十二卷属植物比较好。

松　您开始种植多肉的契机是什么呢？

向　我和一个来日本买仙人掌的印度尼西亚人成为朋友之后，去印度尼西亚旅游过。在那里待了大约一个月，在这期间我们听说澳大利亚非常好玩，就一起去了澳大利亚。在澳大利亚，多肉植物是野生的。因为那里是非常干旱的地区，其他普通植物都枯萎了。所以在日本栽培三色堇、紫罗兰等花卉，而在澳大利亚却种植石莲花属的植物。澳大利亚比较干旱并且光线较强，植株长得非常漂亮。"啊，真美呀！"因为澳大利亚有卖石莲花属植株的店家，于是我们就买回来了，并成为了我的一个嗜好。之前在日本即使见到我也会说"不过是个光长叶片的家伙"罢了，但是看到当地的庭院里面的景色不禁也会感叹"真美"。

松　接下来向山老师介绍一下您的至宝，为什么会在这么多品种中选择这个呢？

向　当下流行的十二卷属中的最高级品种，这一品种植株非常小，不易栽培，普通人培育起来非常困难。从非洲进口来的品种不适合在日本栽培。

松　在最后，有没有要给我们提一些关于栽培多肉植物的建议呢？

向　一般多肉植物非常耐旱，所以只要放在一边就可以，不需要太多的打理，只要不浇过量的水即可，不要让其处在太过潮湿的环境中。但是它们毕竟是植物，还是需要水分的。只要把握好浇水的度即可。多肉植株体内储藏有大量水分，所以比较容易冻伤。只要降到0℃以下就会冻伤。也就是说冬季不要浇水。只要植株体内水分不多，就不会冻伤。需要让其在2~3个月内处于缺水的状态。需要从秋季开始断水。

松　向山老师店里的植株非常地独特，颜色非常鲜艳，形状非常俊俏，这里面有什么样的栽培技巧呢？

向　我这个人比较懒，所以总不浇水，也不施肥、换盆，当然也想做，但就是没能在合适的时间去做，植物就被我搞枯掉了。也许我这里和原产地环境差不多，所以颜色变深，植株也变得更加强壮。光照充足，浇水量少，当然土壤会变硬，这样才适合干燥土壤的多肉植物。只要有充分的光照就能培育出非常健壮的植株。如果放在阴凉的地方，植株就会长得像豆芽菜一样瘦弱。放在室内的话，如果只是浇水，当然会变成豆芽菜啦，所以非常容易腐烂。阳光是茁壮成长的关键。最低温度要保持在10℃左右，最高温度要保持在25℃左右，这样就可以培育出非常健壮而又漂亮的多肉植物。植株只有一半能晒到阳光的情况下，需要用锡箔纸反射一下阳光，也可以用荧光灯或者LED灯来补充光照。栽培多肉植物非常简单。只是简单地放在一边就可以生长2~3年。当然这只能保证它是活的，想要看上去更加鲜艳，可以按照我上面说的方法栽培即可。最简单的诀窍就是："给予充足的阳光！"简单吧？（完）

向山幸夫
二和园
千叶县佐仓市上志津原258
http://www.kk.iij4u.or.jp/~yukicact/

二和园引以为傲的多肉植物世界

向山先生在前面已经为我们讲了很多关于多肉植物的知识。向山先生自己经营的多肉植物园"二和园"中很多的多肉植物都在茁壮成长。其中不乏很多非常高级又珍贵的多肉品种，接下来将为您介绍这些品种，据说有些品种一颗可以卖到十几万日元。

高级品种系列

万象

万象锦

白银寿

寿宝殿锦

康平寿

大型寿

玉扇

绫锦之光

相似品种，不同系列

右：礼服　左：草莓之心

右：钟馗　左：万物相

右：墨西哥巨人　左：仙女杯

多肉植物盆栽设计

如果你发现自己非常喜欢的多肉植物的话，想不想种到自己喜欢的容器中呢？如果是非常健壮的多肉植物，能栽种的容器有很多种。马克杯或者烧杯一般不种植物，但是可以种观赏性盆栽，下面为您介绍具体操作步骤。

把玉露种进烧杯

1 需要准备的材料有：玉露、烧杯、肥料、赤玉土（中粒）、装饰石头、土、小镊子、桶铲。

2 把幼苗从塑料花盆中取出来。

3 从花盆中取出来之后的状态。

4 用小镊子把下面部分的叶片摘除。

5 把一些老根去除，只留下新长出的根系。

6 将老根去除之后的样子。

7 在烧杯里面装入赤玉土，刚好没过烧杯底部即可。

8 装入土，没过赤玉土即可。

9 倒入肥料。

10 调整好幼苗的位置，确定好高度。

11 当高度确认好之后，然后往烧杯里倒土，从中间倒，这样中间高四周低，和植株根系的长短保持一致。

12 确认高度。

13 沿着烧杯边缘往里倒土，注意不要把土倒在叶片里面。

14 轻轻按压植株，并轻轻敲打烧杯，让土紧实一些。

15 把装饰石头散在植株周围。

16 大功告成！

往赤陶里移栽迷你仙人掌

1 需要准备的材料有：迷你仙人掌、肥料、报纸、花盆底网、赤陶、小镊子、土、桶铲。

2 把剪好的报纸放在花盆底洞的上面。

3 把铁丝网放在报纸上面。

4 把需要移植的植株放进去，加土调整植株的高度。

5 把土加到适合植株高度的地方。

6 放入肥料。

7 在肥料上面再铺一层土。

8 把迷你仙人掌的组合位置调整好。

9 位置确定好之后，依次把仙人掌放进去，然后用小镊子把土挖出来一点，把小苗压进去。

10 在周围放土固定植株。

重点

可以时按住三颗一起植入。

11 依次把第二棵和第三棵按照同样的方法种进去。

12 把全部植株种进去之后，再在周围放一层土，将植株固定牢固。

13 轻轻按压植株，并敲打花盆，让土紧实一些。

14 大功告成！

制作大型盆栽组合

1 需要准备的材料有：花盆、植株、赤玉土（中粒）、肥料、土、桶铲、小镊子。

2 在花盆底面铺一层赤玉土，覆盖盆底即可。

3 然后装进土壤，没过赤玉土即可。

4 放入肥料。

5 确定每种植株的放置位置。

6 在把植株从花盆里拔出来的时候，用小镊子从底下往上拔更方便一些。

7 为了避免花刺刺伤可以用布包住植株操作。把根上带的土抖下来。

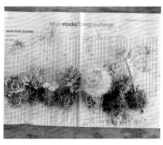

8 其他植株按照同样的方法进行处理。

9 首先移栽主角仙人球。如果徒手拿起仙人球会被刺伤，一定要使用园艺用的手套或者布。

10·11 在仙人球的周围依次种上其他植株。

12 比较小的品种，可以用小镊子夹着枝茎插进去固定。用这些小型植株把大型植株之间的空隙填补起来。

13 将所有的植株全部完美地装进花盆。将比较高的植株放在后面，这样平衡感会更好一些。种在前面的植株可以凸显出来。

14 最后在缝隙中间填上土。

15 进行大型盆栽移植的时候，用小镊子可以把植株放在缝隙的深处，可以敲打花盆让土紧实一些。

16 大功告成！

往马克杯里移植石莲花

1 需要准备的材料有：马克杯、石莲花、土、桶铲、小镊子。

2 把石莲花从塑料花盆中取出来。

3 用小镊子把植株下半部分的叶片摘掉。

4 把根上带的土剥离一部分下来，并把长根剪去。

5 把土放进马克杯里。

6 把要放置植株的地方调整好，并把植株固定，在缝隙中填满土。

7 转动花盆，把整个花盆里填满土。

8 轻轻按压植株，并颠颠花盆，让土紧实一些，这样就完成啦！